Mohamed Riahi

Élaboration et caractérisation des couches minces de dioxyde de titane

Mohamed Riahi

Élaboration et caractérisation des couches minces de dioxyde de titane

Noor Publishing

Imprint

Cover image: www.ingimage.com

Publisher:
Noor Publishing
is a trademark of
International Book Market Service Ltd., member of OmniScriptum Publishing Group
17 Meldrum Street, Beau Bassin 71504, Mauritius

Printed at: see last page
ISBN: 978-620-2-35330-4

Université de Tunis el Manar

Faculté des Sciences de Tunis

Élaboration et caractérisation des couches minces de Dioxyde de Titane (TiO_2) dopées et non dopées par voie hydrothermale

Riahi Mohamed

2016

Je dédie ce travail :

A mes parents, ceux qui ont tout sacrifié pour moi.
A toute ma grande famille.
A tous ceux qui me sont chers.

2016

Remerciements

En préambule à ce manuscrit, je souhaite exprimer ma reconnaissance et mes remerciements aux personnes qui m'ont soutenu et aidé durant cette année. Ce travail a été réalisé au sein du Laboratoire de nanomatériaux et des systèmes pour les énergies renouvlables, Centre de Recherches et des Technologies et de l'Energie, Technopôle de Borj-Cédria.

Mes vifs remerciements vont à Monsieur **Radhouene CHTOUROU**, directeur de ce laboratoire et Professeur au centre des recherches et des technologies de l'énergie à Borj Cédria pour m'y avoir, si gentiment, accueilli dans son groupe de recherche.

Je voudrais particulièrement remercier Madame **Jamila Ben NACEUR** Maître Assistante au centre des recherches et des technologies de l'énergie à Borj Cédria et membre du laboratoire ci-mentionné, pour avoir proposé et dirigé ce travail. Je la remercie surtout pour sa disponibilité et son aide tout le long de ce travail.

Je suis tout particulièrement reconnaissant à Madame **Najoua KAMOUN**, professeur à la faculté des sciences de Tunis, de m'avoir fait l'honneur de présider ce jury.

J'exprime ma profonde reconnaissance à Monsieur **Fathi JOMNI**, Professeur à la faculté des sciences de Bizerte pour l'intérêt qu'il porte à ce travail et pour avoir accepté de faire partie de ce jury.

J'adresse également mes remerciements à tout, les chercheurs au laboratoire pour leur disponibilité ainsi que leur aide efficace au cours des mesures expérimentales. Leurs conseils m'ont toujours été très précieux.

Mes vifs remerciements vont aussi à, Wided Chakhari pour son encouragement.

« Le commencement de toutes les sciences, c'est l'étonnement de ce que les choses sont ce qu'elles sont »

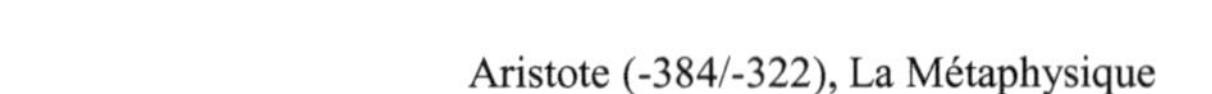

Aristote (-384/-322), La Métaphysique

« Ce n'est pas dans la science qu'est le bonheur, mais dans l'acquisition de la science. »

Edgar Poe (1809/1849), Le pouvoir des mots.

Sommaire :

INTRODUCTION GÉNÉRALE

A l'heure actuelle, les nanotechnologies jouent un rôle important dans la recherche et dans beaucoup de domaine est plus précisément, dans l'industrie. Une grande attention a été donnée à l'étude des nanomatériaux à cause de ces différentes propriétés physiques et chimiques. Parmi ces matériaux nous citons, le Dioxyde de Titane.

C'est grâce au révérant de la science, William Gregor, que le Titane a été découvert à partir du minéral appelé Ilménite, et ce, en 1791. Et depuis cette date, les composés du Titane ne cessent d'être utilisés dans divers domaines.

Dès lors, le composé le plus important et le plus utile du Titane été le dioxyde de titane. Et à compter de la date de sa première commercialisation en 1923 [1], et pour ses propriétés physiques à savoir (l'indice de réfraction très haut et la constante diélectrique éminente [2]) et sa stabilité chimique et sa biocompatibilité, le dioxyde de Titane entre dans la composition de nombreux produits industriels.

Ensuite, les deux célèbres scientifiques japonais, Akira FUJISHIMA et Kenichi HONDA, ont découvert dès 1967 et sous éclairement ultraviolet [3], le phénomène de décomposition photocatalytique de l'eau sur une électrode de TiO_2. C'est l'effet appelé de nos jours « effet Honda-Fujishima ». Une découverte qu'ils l'on publié en 1972 sous un rapport intitulé « The effect of Photokatalysator TiO_2 ».

En fait, le premier usage industriel du TiO_2 été la coloration blanche de la peinture. Et c'est à cause de ses propriétés opacifiantes, et parce qu'il été le plus blanc des pigments blancs. Ensuite, il été utilisé dans d'autres fabriqués comme les produits cosmétiques et les colorants figurant dans les aliments. D'autre part, le dioxyde de Titane est un grand absorbeur de lumière ultraviolet. Ce phénomène explique sa présence dans les crèmes et les masques solaires à un indice de protection très élevé.

Actuellement, il est utilisé aussi comme détonateur de l'industrie chimique [4]. C'est un pigment qui entre dans la composition de nombreux produits d'usage courant. Mentionnant comme exemple, les revêtements antireflets dans les cellules solaires en silicium ainsi que dans de nombreux films minces développés pour des dispositifs optiques [5]. Et vu sa forte dépendance, il est aussi utilisé pour détecter les gaz nocives à raison de sa capacité de laisser passer et conduire le courant électrique [6].

Cependant, le dioxyde de Titane est soupçonné de toxicité notamment lorsqu'il est sous forme micronisée comme en poudre qui présente une dimension nanométrique. Enfin, de multiples recherches s'intéressent aux propriétés photo-induites de TiO_2 pointant sur des applications dans les domaines de l'écologie et en particulier la photocatalyse et le photohydrophile qui sont à l'origine des verres autonettoyants.

Notre problématique c'est la gamme d'absorption optique de TiO_2. Il n'absorbe qu'une petite fraction du spectre solaire (environ 5%). Notre travail consiste à résoudre ce problème en utilisant le dopage par les différents métaux de transition pour décaler son seuil d'absorption vers le domaine visible.

Ce mémoire comporte trois chapitres :

- Le chapitre 1 consiste à présenter le dioxyde de titane avec toutes ces propriétés, les différentes méthodes de synthèse ainsi que ses applications.
- Le chapitre 2 consisté à la partie expérimentale pour la synthèse et les différentes techniques de caractérisation des échantillons.
- Le chapitre 3 porte les résultats obtenus et leurs discussions.

Chapitre 1

Le Dioxyde de titane

Le premier chapitre est consacré à la présentation des connaissances utiles permettant la compréhension de ce travail, et en particulier celles concernant les propriétés de dioxyde de Titane, telle que les propriétés structurales, morphologiques, optiques, et électroniques. Nous présentons également les techniques principales d'obtention de ce matériau sous forme nanométrique ainsi que les différents domaines d'application qui sont en lien direct avec ces propriétés.

I- Choix du Dioxyde de Titane:

Le dioxyde de Titane est impliqué dans une large gamme de procédés industriels grâce aux avantages considérables que présente ce matériau:

- Il est stable, peu onéreux, non toxique
- Est un grand absorbeur de lumière ultraviolet, ceci explique sa présence dans les crèmes et les masques solaires à un indice de protection très élevé. [7,8]
- Sa biocompatibilité avec le corps humain, ainsi il est utilisé pour remplacer une partie ou une fonction mécanique du corps [9].
- il favorise la photodégradation d'une large gamme de polluants d'intérieur à température ambiante.
- C'est le photocatalyseur le plus efficace.

En 1972, Fujishima et Honda [10] découvrent le phénomène de décomposition photocatalytique de l'eau sur électrode de TiO_2 éclairé par des rayonnements ultraviolet. A partir de cette découverte, le TiO_2 voit le jour dans plusieurs des applications qui font appel à ses propriétés photocatalytiques. Telles que la photocatalyse [11], la production d'hydrogène [12], les dispositifs photovoltaïques [13] et les détecteurs de gaz [14]. Est c'est grâce à ses caractéristiques et ses propriétés écologiques et conservatrices de l'environnement, et notamment à son coût très réduit que le TiO_2 est devenu un produit recommandé.

II- propriétés de Dioxyde de Titane:

1- Propriétés structurale:

Le dioxyde de Titane TiO_2 se trouve principalement dans la nature sous trois différentes formes cristallographique. Ces trois formes sont : anatase, rutile et brookite.

Les propriétés structurales de TiO_2 dépendent fortement des microstructures obtenues. Celles-ci sont modulées par la technique et les conditions de préparation, ainsi que par les traitements thermiques ultérieurs. En effet, *Jamila ben naceur et al.* [15], ont étudié l'effet du traitement thermique sur les propriétés structurales ainsi que l'activité photocatalytique des couches minces de TiO_2 préparées par la méthode Sol-Gel. Ils ont constaté que la formation d'une forme plutôt qu'une autre dépend principalement de la température du traitement thermique lors de la formation du matériau. La forme anatase est majoritairement formée à basse température. Pour des températures supérieure à 700°C, c'est la phase rutile qui se forme. Cette transformation se fait d'une façon irréversible, ainsi le rutile c'est la phase la plus stable thermodynamiquement. La brookite se forme à des températures plus basses que celles du rutile. Cette phase a été peu étudiée. En effet, les deux phases anatase et rutile sont en général considérées comme plus photoactives que la phase brookite. Ainsi, à l'heure actuelle cette phase ne présente pas d'intérêt aux yeux de la communauté scientifique. De plus lorsque des dopants sont utilisés, la modulation des propriétés ne dépend pas seulement du type de dopant, mais aussi de sa concentration ainsi que de sa distribution dans le réseau de TiO_2 [16]. En effet, *Jamila ben naceur et al.* [17], ont montré que le dopage par le fer modifie la température de transition de l'anatase en rutile.

La phase rutile possède deux plans principaux de basse énergie : (110) et (100), le plus stable du point de vue thermique étant le plan (110). Dans un cristal d'anatase, il existe également deux plans de faibles énergie, mais dans ce cas ce sont les plans (101) et (001).

Les deux phases sont constituées de successions d'octaèdre TiO_6, chaque atome de titane est entouré par six atomes d'oxygènes via deux liaisons longues et quatre liaisons courtes. Chaque atome d'O est relié à trois atomes de Ti par l'intermédiaire d'une liaison longue et deux autres courtes. La phase rutile d'une maille élémentaire quadratique possède deux motifs de TiO_2 et pour la phase anatase, une maille élémentaire quadratique contient quatre motifs de TiO_2. Ces deux phases ont la même coordination des atomes de Ti et O, mais ils se diffèrent par les longueurs de liaison. En effet, pour le rutile les longueurs des liaisons sont de l'ordre de 1,976 A° (en position axiale) et 1,946 A° (en position équatorial). Pour l'anatase les longueurs des liaisons sont de l'ordre de 1,979 A° (en position axiale) et 1,932 A° (en position équatorial). Ce sont ces différences de structure qui entraînent des différences de propriétés entre les deux formes.

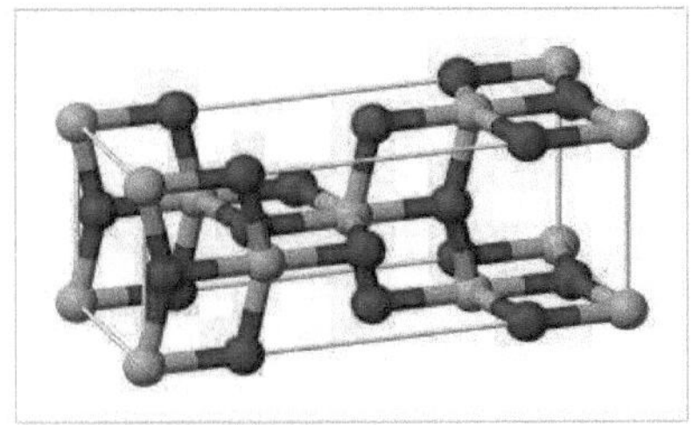

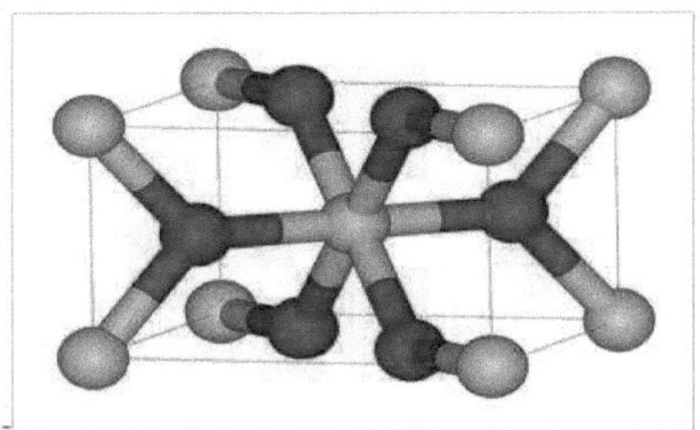

Maille de la phase anatase   Maille de la phase rutile

En gris : Ti^{4+}

En rouge : O^{2-}

Figure I.1. Schéma de mailles de TiO_2 sous ses formes anatase et rutile [18].

Nous présentons sur le tableau suivant les paramètres physiques des différentes structures deTiO_2.

Nom	***Dioxyde de titane***		
Formule chimique	TiO_2		
Masse molaire ($g.mol^{-1}$)	79,89		
Apparence	Solide blanc		
Phase cristalline	Anatase	Brookite	Rutile
Système cristallin	Quadratique	Orthorhombique	Quadratique
Nombre de TiO_2 par maille	4	8	2
Paramètre de maille (A°)	a = 3.784	a = 9.184	a = 4.549
	b = 3.784	b = 5.447	b = 4.549
	c = 9.514	c = 5.145	c = 2.959
Masse volumique ($g.cm^{-3}$)	3.89	4.12	4.24
Indice de réfraction	2.58-2.70	2.58-2.56	2.61-2.89

Tableau I.1 : Caractéristiques de Dioxyde de Titane

2- *Propriétés électroniques:*

Les propriétés électronique de TiO_2 varient selon les polymorphes étudié.

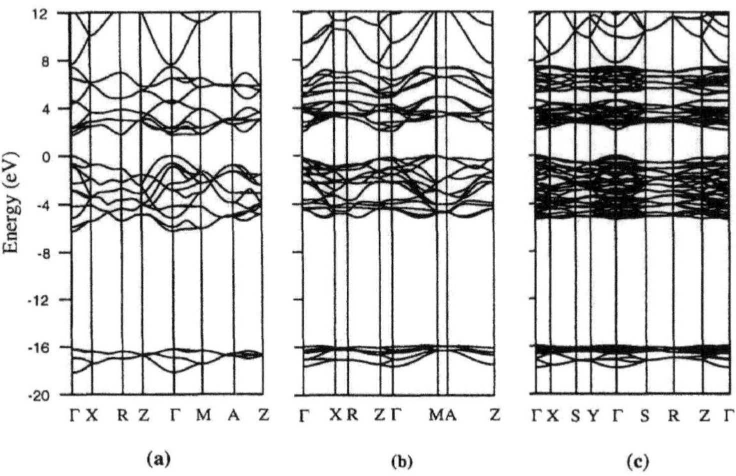

Figure I.2 : Structures de bandes calculées du rutile (a), de l'anatase (b) et de la brookite (c) issues de [19].

La figure I.2 ci-dessus représente les structures de bandes des trois phases : le rutile, l'anatase et la brookite. Sur cette figure, le haut de la bande de valence, constituée des états σ et π (principalement issus des états p σ de l'oxygène) et p π (issus des états p π non liants de l'oxygène), est pris à 0 eV. Le bas de la bande de conduction est constitué des états t_{2g}et e_g issus principalement des états d du titane. Le dioxyde de Titane est ainsi considéré comme un semi conducteur à large bande interdite. Il possède une bande interdite légèrement supérieur à 3 ev. Ce qui permet de le classer parmi les semi-conducteurs à large bande interdite. Cependant la transition directe de plus basse énergie est interdite par raison de symétrie. Les gaps des trois phases sont donc indirects et leurs valeurs change d'une phase à une autre. Pour le rutile, l'anatase et le brookite ont pour valeurs 3,0 eV (411nm) ; 3,2 eV (384 nm) et 3,10 eV (400 nm) respectivement [20], [21]. Grace à ces valeurs de gap le dioxyde de titane est insensible à la lumière visible, où il présente une transmittance élevée (>60-80%), il n'absorbe que dans le proche ultraviolet, en raison de sa large bande interdite. Ces propriétés optiques ainsi que son non toxicité permettent au TiO_2 d'être employé comme un écran anti UV pour les crèmes solaire [22], [23].

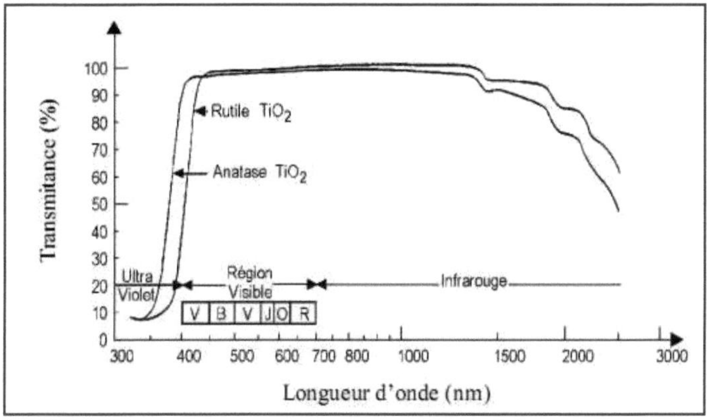

Figure I.3. Transmittance du dioxyde de titane pour ces deux variété Anatase et rutile [24].

III- Le Dioxyde deTtitane nanostructuré :

A l'aide du développement de nanotechnologie, TiO_2 nanostructuré fait l'objet de nombreuses activités de recherche, en raison de ses applications potentielles dans le domaine de la conversion et du stockage de l'énergie solaire, ainsi que dans le domaine de la photocatalyse. On peut citer l'application particulière des films nanostructurés de TiO_2, aux cellules photovoltaïques à colorant (ou cellules de Grätzel), dans lesquelles une grande surface spécifique de TiO_2 imprégnée de colorant est souhaitable. Dans l'ordre chronologique d'utilisation de l'oxyde de titane nanostructuré, les nanoparticules ont donné lieu aux premières applications. La grande surface spécifique disponible dans un film de nanoparticules compactées a été particulièrement exploitée dans le domaine de la photocatalyse. Néanmoins, pour l'application aux cellules à colorants, les nanoparticules de TiO_2 se sont révélées moins intéressantes: en effet le désordre d'empilage des nanoparticules limite le transport des électrons à travers la couche qui se fait de manière aléatoire, et les nombreux joints de grains constituent autant de centres de recombinaison pour les électrons photogénérés. En général le rapport mesuré expérimentalement entre le nombre d'électrons collectés et le nombre d'électrons photogénérés est donc très faible. En théorie, les structures monodimensionnelles de TiO_2 nanostructuré (nanotubes, nanocolonnes, nanofibres), devraient faciliter le transfert des électrons vers le substrat. C'est la raison pour laquelle la synthèse de nanotubes de TiO_2 proposée par l'équipe de Zwiling en 1999 [25] a ouvert un nouveau champ d'investigations. En effet, la structure en nanotubes ou nanocolonnes ont une orientation perpendiculaire au substrat permet d'allier à la fois une grande surface spécifique, une vitesse élevée du transfert de l'électron, et donc une séparation efficace des paires électrons –trous.

IV- méthodes de synthèse de Dioxyde de Titane:

La synthèse d'oxydes de titane nanostructurés (nanoparticules, couches minces, nanofibres, nanofeuillet, nanobatonet, nanotubes, matériaux nanoporeux,...) est accessible grâce à la diversité des méthodes de préparation, mécaniques chimiques ou physiques; en voie liquide ou gaz.

1- Méthode sol-gel:

Cette technique consiste à l'hydrolyse du précurseur du Titane : alkoxyde de Ti(IV) suivie d'une condensation pour obtenir une suspension colloïdale (le sol) [26]. Puis, le passage du sol vers le gel est fait par une polymérisation totale de la suspension colloïdale obtenu suivie par la perte du solvant utilisé. D'où, la formation de nombreuses céramiques [27-31]. Après avoir contrôlé les conditions de réactions : le pH, le choix du solvant et l'ajout d'amines, plusieurs nanostructures peuvent être formée : des nanoparticules [32] [33], des nanofils [34].

2- La déposition chimique en vapeur:

Cette technique consiste à condenser la phase vapeur d'un matériau pour former un matériau en phase solide en impliquant une réaction chimique. Cette technique peut être employée pour élaborer des matériaux composites par infiltration, fabrication des nanoparticules et des nanobâtonnets de TiO_2 [35,36].

3- Electrodéposition et oxydation directe du titane:

L'électrodéposition nous permet de contrôler la structure et la morphologie d'un dépôt en contrôlant les paramètres de l'électrolyse (le potentiel, le pH, la température et la densité du courant). Le dépôt peut être produit en immergeant dans une solution de sels du matériau qui doit être déposé, un substrat qui joue le rôle d'une cathode. Cette méthode nous permet de déposées des nanoparticules de TiO_2 sur des nanotubes de carbone [37]. La technique de l'oxydation directe du titane permet de former des nanotubes de TiO_2 par l'oxydation chimique ou anodique du titane métallique [38].

4- Méthode hydrothermale:

Cette technique est largement utilisée pour synthétiser des nanotubes, nanofils ou nanoparticules de TiO_2. La synthèse par voie hydrothermale s'effectue au sein du milieu aqueux à des températures et des pressions contrôlées. Dans ce travail on a utilisé la méthode hydrothermale pour synthétiser des nanocolonnes de TiO_2 (Voir chapitre II).

V- limites du Dioxyde de Titane et modifications:

Beaucoup de chercheurs scientifique utilisent le TiO_2 dans différentes applications grâce à ses propriétés cité auparavant. En fait, les applications les plus importantes de TiO_2 fait partie de son activité photocatalytique. Parmi ces applications, nous citons: la photocatalyse et l'application photovoltaïque. Nous rappelons que le dioxyde de Titane présente un gap qui se situe dans le domaine ultraviolet qui représente seulement que 5% de l'énergie reçue sur Terre [39] ainsi le visible représente 43% de l'énergie totale reçue sur Terre.

Parmi les solutions trouvée par des chercheur pour améliorer les performances de TiO_2, il faut décaler son seuil d'absorption jusqu'à la région du visible. Pour réaliser cette action, plusieurs moyens sont appliqués:

Couplage du TiO_2 à des colorants organique ou inorganique : cette méthode permet d'augmenter l'activité optique (augmentation du coefficient d'absorption) dans la région visible [40].

Hétérojonction: cette méthode consiste à utiliser d'autre semi conducteur pour modifier la surface [41] par transfert de charge entre le TiO_2 et le semi conducteur utilisé.

Donc, ces moyens permettent d'améliorer la sensibilité optique du TiO_2 dans la région visible.

Le dopage du TiO_2: le dopage est l'un des moyens utilisé pour améliorer les performances des dispositifs à base de TiO_2, il permet de modifier le gap du matériau par insertion de nouveaux états dans la bande interdite [42]. Il existe deux types de dopage:

- ***Le dopage anionique:***

Le dopage anionique par remplacement de l'ion O^{2-} affecte les propriétés optiques de TiO_2. Le premier rapport sur le dopage anionique a été réalisé par Sato et al. en utilisant le dopage de TiO_2 avec de l'Azote [43]. Il a fallu attendre les travaux d'Asahi et al. en 2001 [44], qui ont constaté que l'augmentation du taux dopage avec de l'Azote entraîne une augmentation de l'absorption de TiO_2 et améliore l'activité photocatalytique. Cette étude a stimulé la recherche afin de produire une seconde génération de TiO_2, qui soit à la fois active dans l'Ultraviolet et dans la région du visible. En effet le TiO_2 a été dopé avec plusieurs hétéroatomes citant B, C[45], O, S[46], F, Cl,N[47], Br... Les études théoriques et expérimentales ont montré que l'emploi de ces hétéros éléments en tant que dopant du TiO_2 anatase conduit à une diminution du gap.

Les recherches concernant le dopage au carbone [48], au soufre [49], et à l'azote [47], ont montré des états introduits dans le gap de TiO_2 assez proches de la bande de valence ou de la bande de conduction. Ces états sont principalement responsables de la diminution de l'énergie de la bande interdite du TiO_2 et conduisent au déplacement de son spectre d'absorption dans le visible. Le dopage avec l'azote ou le soufre entraînent un décalage du seuil d'absorption jusqu'à 600nm [50,51]. D'autres travaux notent que le dopage avec le Fluor n'induit aucune absorption dans le visible. Les états peuvent être présents dans le gap et permettent de favoriser une meilleure séparation des charges [52,53]. Par contre, d'autres études montrent que le dopage au carbone [54] ou au fluor [55] induit un décalage vers de plus grandes longueurs d'ondes du seuil d'absorption.

- ***Le dopage cationique:***

Le dopage cationique se présente par le remplacement des ions Ti^{4+} dans la structure du réseau cristallin du TiO_2. Dans la littérature, le dopage par des métaux de transitions sous leur forme cationique est souvent utilisé. Du fait du rayon ionique et de la charge de l'anion O^{2-}, il est facile de substituer le cation Ti^{4+} avec d'autres métaux de transitions. On peut citer quelques dopages avec les ions métalliques V, Cr, Mn, Fe [56], Co [57], Ni, Cu, Zr, Sn,...[58] ou encore avec les alcalins Li, Na, K... [59]. Plusieurs auteurs rapportent que ce type de dopage diminue la largeur de la bande interdite et affecte aussi la taille des cristallites du dioxyde de titane [60]. Il a été montré par d'autres travaux que ce type dopage favorise aussi la recombinaison des charges (électrons et trous) [61] ce qui graduerait le rendement photocatalytique de ces matériaux.

Avec le dopage, la structure électronique du TiO_2 s'en trouve donc modifiée. Les calculs de structures de bandes ont montrés la formation d'un niveau électronique occupé dans la bande interdite du TiO_2. Sa position varie selon le taux du dopant utilisé [48].

VI- Applications du Dioxyde de Titane:

Le dioxyde de titane (TiO_2) suscite un vif intérêt industriel de par sa stabilité chimique, son bas coût et de nombreux autres aspects. Ses différentes propriétés font de ce composé l'un des matériaux les plus courants dans la vie de tous les jours.

Le dioxyde de titane a beaucoup d'applications à cause de son inertie chimique, la non toxicité, de son faible coût, de son haut indice de réfraction et en raison d'avantages liés aux propriétés de sa surface. Il a été introduit dans l'industrie dans les années 1900, initialement pour remplacer les pigments blancs toxiques. Il est utilisé comme pigment blanc dans les peintures décoratives ou architecturales pour les constructions en bois, les meubles et l'automobile. Ses applications se sont beaucoup diversifiées. Il est aussi utilisé en photocatalyse, en pharmacie, comme capteur de gaz, support ou promoteur de catalyse.

1- Pigment:

Le dioxyde de titane est le pigment blanc le plus utilisé en raison de sa brillance et de très haut indice de réfraction. Environ 4,6 millions de tonnes de TiO_2 sont consommées chaque année dans le monde, et ce nombre devrait augmenter à mesure que la consommation continue d'augmenter. Le dioxyde de titane est également un moyen efficace en poudre, où il est employé comme pigment pour fournir la blancheur à des produits tels que: peinture, plastiques, papiers, encres, produit alimentaires, médicaments ainsi que dentifrices. En peinture, il est souvent appelé comme «le blanc parfait », « blanc le plus blanc », ou autres termes similaires.

2- Photocatalyse:

Le dioxyde de titane est le semi-conducteur le plus approprié pour la photocatalyse dans un but de dépollution grâce à sa stabilité photochimique, son inerte chimique et biologique mais aussi son faible cout. Le dioxyde de titane, notamment sous forme anatase, est un bon photocatalyseur sous rayonnement ultraviolet (UV).

A l'heure actuelle, les principales applications de la photocatalyse sont basées sur ces réactions de dégradation :

- **Dépollution de l'eau:** purification et potabilisation de l'eau, élimination de micropolluants organiques (solvants, pesticides, herbicides), traitement d'effluents industriels afin de limiter les rejets de composés toxiques.

- **Purification de l'air:** destruction des bactéries à l'origine de nuisances olfactives ou présentes en milieu hospitalier, élimination des odeurs et/ou des composés organiques volatiles, réduction de la pollution de l'air d'un environnement urbain.

3- Les cellules Gratzel

Les cellules solaires conventionnelles convertissent la lumière en électricité en exploitant l'effet photovoltaïque qui apparaît à la jonction de semi-conducteurs. Le semi-conducteur absorbe les photons, sépare les paires crées e^-/h^+ et assure le transport des charges vers les électrodes. Le matériau doit être de haute pureté, ne possède pas de défauts, faute de quoi électrons et trous se recombinant avant d'avoir pu être séparés. La fabrication de ce type de cellules est donc onéreuse, empêchant leur emploi pour la production d'électricité à grande échelle.

Contrairement au photovoltaïque conventionnel, l'absorption de la lumière et le transport des charges sont deux tâches dissociées dans les cellules Gratzel, dont le fonctionnement s'inspire de la photosynthèse. La lumière est absorbée par un pigment photosensible, appelé «dye», déposé à la surface des nanoparticules d'oxyde de Titane TiO_2. Ces nanoparticules baignent dans un électrolyte, généralement une solution d'ions iodure et triiodure (I^- / I_3^-), assurant la conduction jusqu'aux électrodes.

Référence:

[1] IARC, “Exposure data from multi-application, multi-industry maintenance of surfaces and joints sealed with asbestos-containing gaskets and packing.,” *Monographs on the Evaluation of Carcinogenic Risks to Humans*, vol. 93, no. 4, pp. 193-276, Apr. 2010.

[2] X. Rocquefelte, F. Goubin, H.-J. Koo, M.-H. Whangbo, and S. Jobic, “Investigation of the origin of the empirical relationship between refractive index and density on the basis of first principles calculations for the refractive indices of various TiO2 phases,” *Inorganic chemistry*, vol. 43, no. 7, pp. 2246-51, Apr. 2004.

[3] A. Fujishima and K. Honda, “Electrochemical Photolysis of Water at a Semiconductor Electrode,” *Nature*, vol. 238, pp. 37-38, 1972.

[4] K. I. Hadjiivanov and D. G. Klissurski; *Chem. Soc. Rev.*; **n°25**, p.61-69 (1996).

[5] H. A. Macleod, *Thin-film optical filters* (Bristol, 1986).

[6] N. Kumazawa, M. Rafiqul Islam and M. Takeuchi; *J. Electroanal. Chem.*; **n°472**, p.137- 141 (1999).

[7] O. Carp, C. L. Huisman and A. Reller; *Prog. Solid State Chem.*; **n°32**, p.33-177 (2004).

[8] V. A. Schwarz, S. D. Klein, R. Hornung, R. Knochenmuss, P. Wyss, D. Fink, U. Haller and H. Walt; *Laser Surg. Med.*; **n°29**, p.252-259 (2001).

[9] Y. X. Leng, N. Huang, P. Yang, J. Y. Chen, H. Sun, J. Wang, G. J. Wan, X. B. Tian, R. K.Y. Fu, L. P. Wang and P. K. Chu; *Surf. Coat. Tech.*; **n°156**, p.295-300 (2002).

[10] A. Fujishima and K. Honda, *Nature*, vol. **238** (1972) 37-38.

[11] A. L. Linsebigler, G. Lu, and J. T. Yates, “Photocatalysis on TiO2 Surfaces: Principles, Mechanisms, and Selected Results,” *Chemical Reviews*, vol. 95, no. 3, pp. 735-758, May. 1995.

[12] M. Ni, M. Leung, D. Leung, and K. Sumathy, “A review and recent developments in photocatalytic water-splitting using TiO2 for hydrogen production,” *Renewable and Sustainable Energy Reviews*, vol. 11, no. 3, pp. 401-425, Apr. 2007.

[13] M. Grätzel, “Photoelectrochemical cells,” *Nature*, vol. 414, no. November, 2001.

[14] V. Guidi, “Preparation of nanosized titania thick and thin films as gas-sensors,” *Sensors and Actuators B: Chemical*, vol. 57, no. 1-3, pp. 197-200, Sep. 1999.

[15] C. Legrand-Buscema, C. Malibert, S. Bach, Thin Solid Films 418 (2002) 79e84.

[16] Hwu, Y.; Yao, Y. D.; Cheng, N. F.; Tung, C. Y.; Lin, H. M. *NanoStructured Mater.*, **1997**, *9*, 355-358.

[17] M.M. Mohamed, I. Otoman, R.M. Mohamed, J. Photochem. Photobiol. A 191 (2007) 153.

[18] Diebold, U. *Surface Science Reports*, **2003**, *48*, 53-229.

[19] S. D. Mo and W. Y. Ching, "Electronic and optical properties of three phases of titanium dioxide. Rutile, anatase, and brookite -," *Physical Review B*, vol. 51, pp.13023 - 13032, 1995.

[20] H. Tang, K. Prasad, R. Sanjinès, P. E. Schmid, and F. Lévy, "Electrical and optical properties of Ti02 anatase thin films," *Journal of Applied Physics*, vol. 75, no. 4, p.2042, 1994.

[21] G. L. Chiarello, D. Paola, and E. Selli, "from: 6th European Meeting on Solar Chemistry and Photocatalysis: Environmental Applications Effect of titanium dioxide crystalline structure on the photocatalytic production of hydrogen," *Society*, no. Iii, 2011.

[22] J. Schulz et al., "Distribution of sunscreens on skin," *Advanced drug delivery reviews*, vol. 54 Suppl 1, pp. S157-63, Nov. 2002.

[23] N. Serpone, D. Dondi, and A. Albini, "Inorganic and organic UV filters: Their role and efficacy in sunscreens and suncare products," *Inorganica Chimica Acta*, vol. 360, no. 3, pp. 794-802, Feb. 2007.

[24] R. Azouani, Thèse de Doctorat, Université Paris 13, (2009).

[25] V. Zwilling, E. Darque-Ceretti, A. Boutry-Forveille, D. David, M-Y. Perrin, M. Aucouturier, Structure and physicochemistry of anodic oxide films on titanium and TA 6V alloy, *Surface and Interface Analysis,* 27(7) (2001) 629-637.

[26] Chen, X.; Mao, S. S. *Chem. Rev.,* **2007**, *107*, 2891-2959.

[27] Hench, L. L. ; West, J. K. *Chem. Rev.*, **1990**, *90*, 33-72.

[28] Schwarz, K. A.; Contescu, C.; Contescu, A. *Chem. Rev.* **1995**, *95*, 477-510.

[29] Lu, Z. L.; Lindner, E.; Mayer, H. A. *Chem. Rev.*, **2002**, *102*, 3543-3578.

[30] Wight, A. P.; Davis, M. E. *Chem. Rev.*, **2002**, *102*, 3589-3614.

[31] Pierre, A. C. ; Pajonk, G. M. *Chem. Rev.*, **2002**, *102*, 4243-4265.

[32] T. Moritz, J. Reiss, K. Diesner, D. Su, and A. Chemseddine, "Nanostructured Crystalline TiO 2 through Growth Control and Stabilization of Intermediate Structural Building Units," *The Journal of Physical Chemistry B*, vol. 101, no. 41, pp. 8052-8053, Oct. 1997.

[33] T. Sugimoto, "Synthesis of uniform anatase TiO2 nanoparticles by gel–sol method 3. Formation process and size control," *Journal of Colloid and Interface Science*, vol. 259, no. 1, pp. 43-52, Mar. 2003.

[34] Y. Lin, G. S. Wu, X. Y. Yuan, T. Xie, and L. D. Zhang, "Fabrication and optical properties of TiO2 nanowire arrays made by sol gel electrophoresis deposition into anodic alumina membranes," *Journal of Physics: Condensed Matter*, vol. 15, no. 17, pp. 2917-2922, May. 2003

[35] S. Pradhan, "Growth of TiO2 nanorods by metalorganic chemical vapor deposition," *Journal of Crystal Growth*, vol. 256, no. 1-2, pp. 83-88, Aug. 2003.

[36] S. Seifried, M. Winterer, and H. Hahn, "Nanocrystalline Titania Films and Particles by Chemical Vapor Synthesis," *Chemical Vapor Deposition*, vol. 6, no. 5, pp. 239-244, Oct. 2000.

[37] L.-C. Jiang and W.-D. Zhang, "Electrodeposition of TiO2 Nanoparticles on Multiwalled Carbon Nanotube Arrays for Hydrogen Peroxide Sensing," *Electroanalysis*, vol. 21, no. 8, pp. 988-993, 2009.

[38] K. Nagaveni, G. Sivalingam, M. S. Hegde, and G. Madras, "Photocatalytic degradation of organic compounds over combustion synthesized nano TiO2," *Environmental science & technology*, vol. 38, no. 5, pp. 1600-4, Mar. 2004.

[39] R. Levinson, P. Berdahl, and H. Akbari, "Solar spectral optical properties of pigments. Part I: model for deriving scattering and absorption coefficients from transmittance and reflectance measurements," *Solar Energy Materials and Solar Cells*, vol. 89, no. 4, pp. 319-349, Dec. 2005.

[40] A. Hagfeldt and M. Grätzel, "Light-Induced Redox Reactions in Nanocrystalline Systems," *Chemical Reviews*, vol. 95, pp. 49-68, Jul. 1995.

[41] Q. Shen, "Photosensitization of nanostructured TiO2 with CdSe quantum dots: effects of microstructure and electron transport in TiO2 substrates," *Journal of Photochemistry and Photobiology A: Chemistry*, vol. 164, no. 1-3, pp. 75-80, Jun. 2004.

[42] W. Choi, A. Termin, and M. R. Hoffmann, "The Role of Metal Ion Dopants in Quantum-Sized TiO2: Correlation between Photoreactivity and Charge Carrier Recombination Dynamics," *The Journal of Physical Chemistry*, vol. 98, no. 51, pp. 13669-13679, Dec. 1994.

[43] S. Sato, chemical physics letter, **123(1-2)** (1986) 126 -128.

[44] R. Asahi, T. Morikawa, T. Ohwaki, K.Aoki. et al., Science (2001) **293(5528)** 269-27.

[45] Y. Nakano, T. Morikawa, T. Ohwaki, and Y. Taga, *Applied Physics Letters*, vol. **87** no. 5 (2005) 052111.

[46] T. Umebayashi, T. Yamaki, H. Itoh, and K. Asai, *Applied Physics Letters*, vol. **81** no. 3 (2002) 454.

[47] C. Di Valentin, G. Pacchioni, and A. Selloni, *Physical Review B*, vol. **70** no. 8 (2004) 085116-1-085116-4.

[48] T. Umebayashi, *Journal of Physics and Chemistry of Solids*, vol. **63**, no. 10 (2002) 1909-1920.

[49] M. Anpo, *Journal of Catalysis*, vol. **216** no. 1-2 (2003) 505-516.

[50] C. Burda, Y. Lou, X. Chen, A. C. S. Samia, J. Stout, and J. L. Gole, *Nano letters*, vol. **3** no. 8 (2003) 1049-1051.

[51] T. Ohno, *Applied Catalysis A: General*, vol. **265** no. 1 (2004) 115-121.

[52] T. Yamaki et al., *Nuclear Instruments and Methods in Physics Research Section B: Beam Interactions with Materials and Atoms*, vol. **206** (2003) 254-258.

[53] A.M. Czoska, S. Livraghi, M. Chiesa, E. Giamello, S. Agnoli, G. Granozzi, et al., The Nature of Defects in Fluorine-Doped TiO_2, J. Phys. Chem. C. **112** (2008) 8951–8956.

[54] H. Irie, Y. Watanabe, and K. Hashimoto, *Chemistry Letters*, vol. **32** no. 8 (2003) 772-773.

[55] J. C. Yu, J. Yu, W. Ho, Z. Jiang, and L. Zhang, *Chemistry of Materials*, no. 14 (2002) 3808-3816.

[56] J.F. Zhu, Z.G. Deng, F. Chen, J.L. Zhang et al., Appl. Catal. B: Environ., **62** (2006) 329-335.

[57] E. B. Gracien, J. Shen, X.R. Sun, D. Liu et al., Thin Solid Films, **515** (2007) 5287-5297.

[58] Y. Wang, *Thin Solid Films*, vol. **349** no. 1-2 (1999) 120-125.

[59] Y. Bessekhouad, *Journal of Photochemistry and Photobiology A: Chemistry*, vol. **167** no. 1 (2004) 49-57.

[60] H. Yamashita, M. Harada, J. Misaka, M. Takeuchi et al., J. Synchrotron Radiat., **8** (2001) 569.

[61] A. Di Paola, G. Marcı, L. Palmisano, M. Schiavello et al., J. Phys. Chem. B, **106** (2002) 637.

Chapitre 2

Techniques expérimentales

Et

Caractérisation

Ce chapitre présente les méthodes expérimentales utilisées tout au long de ce travail. On présentant dans la première partie de ce chapitre le protocole expérimental utilisé pour la croissance des nanotiges de TiO_2 non dopés et dopés par voie hydrothermale. La seconde partie de ce chapitre détaille les différentes techniques de caractérisations utilisées pour analyser les propriétés physico-chimiques et morphologiques des échantillons élaborés.

I- Synthèse de Dioxyde de Titane

1- La voie hydrothermale:

Cette section expose brièvement la méthode d'élaboration des nanotiges de TiO_2 par voie hydrothermale.

Principe de la voie hydrothermale:

Cette méthode de synthèse diffère des autres voies chimiques. En fait, elle consiste à mettre en jeu une solution aqueuse à température moyenne entre 100 et 350°C, dans un réacteur sous pression. Elle était parfaitement utilisée pour la fabrication d'oxydes simples et complexes, aussi pour la fabrication des matériaux non-oxydes, tels que les sulfures, les fluorures,…

La synthèse hydrothermale est influencée par différents paramètres:

- Paramètres thermodynamiques:
  - La température
  - La pression
- Paramètres physico-chimiques:
  - La nature et le volume de solvant
  - La nature des réactifs de départ
  - Le pH du milieu réactionnel
  - La solubilité du soluté dans le solvant
- Paramètres cinétiques:
  - Le temps de réaction
  - La cinétique de solution

2- Avantages de la voie hydrothermale:

Contrairement à beaucoup d'autres méthodes avancées de synthèse, la voie hydrothermale présente beaucoup d'avantages. Les coûts respectifs pour l'instrumentation, l'énergie, la préparation des grandes variétés et les précurseurs sont beaucoup moins pour la méthode hydrothermale. De plus elle est moins nocive pour l'environnement.

3- Instrumentation:

L'élaboration par voie hydrothermale consiste à utiliser des instruments appelés « autoclaves ». Ce sont des cylindres en acier inoxydable qui porte à l'intérieur des béchers en téflon (figure I.1) avec un joint hermétique qui doit résister à des pressions et des températures élevées pendant la longue durée de synthèse. En outre, l'autoclave doit être inerte par rapport au solvant. La fermeture de l'autoclave est très importante.

***Figure I.1.* Image représentant les différentes pièces d'une bombe hydrothermale.**

4- Mode opératoire:

Les nanotiges de TiO_2 ont été synthétisé sur des substrats en verre de SnO_2 dopé fluore (FTO) par voie hydrothermale. Les nanotiges de TiO_2 peut être synthétisé directement sur les substrats FTO sans faire une couche tampon en raison d'un petit désaccord de maille entre le FTO (a = b = 0.4594 nm) [2] et la phase rutile de TiO_2 (a = b = 0.4687 nm) [3].

Dans ce travail, la croissance des nanotiges de TiO_2 pur et dopés ont été préparés selon la littérature avec une légère modification [4].

a- Préparation de la solution de croissance:

Sous agitation pendant 30 minutes, on mélange dans un bécher 15 ml d'eau distillé avec 15 ml de l'acide chlorhydrique (37%, Sigma Aldrich). Après, on ajoute 0.5 ml de l'isopropoxyde de titane [$C_{12}H_{28}O_4Ti$] (97%, Sigma Aldrich) et on laisse le mélange sous agitation pendant 1h30.

b- Nettoyage des substrats:

Afin d'obtenir une meilleure homogénéité et reproductibilité, le nettoyage des substrats est une étape très importante car la qualité du dépôt dépend de la propreté et de l'état de surface du substrat. Donc Il faut éliminer toute trace de graisses et de poussières et vérifier que la surface du substrat ne comporte à l'œil nu, ni rayures ni défauts de planéité.

Pour faire le nettoyage, nous avons utilisé un bain ultra-son à la température 50-55°C pour réaliser les étapes suivantes:

- Nettoyage avec l'acétone
- Nettoyage avec l'isopropanol.
- Nettoyage avec l'eau distillée.

Chaque étape prendre 15min dans le bain ultra-son. Enfin, le rinçage des substrats nettoyés avec l'eau distillé.

c- Croissance des nanotiges de TiO_2:

Une fois les deux premières étapes sont réalisées, on verse la solution de précurseur dans le téflon de l'autoclave en acier inoxydable et on immerge les substrats dans la solution. Puis, on met les autoclaves dans une étuve à la température 180°C pendant 5 heurs et 30 minutes.

Notre travail est de synthétiser des nanotiges de TiO_2 pur et dopé par différents métaux de transition: Fer, Cuivre, Chrome, Nikel et le Cobalt. Pour la préparation des nanotiges de TiO_2 dopés on réalise les mêmes étapes de préparation de TiO_2 pur mais avec l'ajout des différents dopants utilisés. La quantité du dopant utilisé à été fixé à 5 mM.

Une fois la croissance est réalisée, l'échantillon est sorti de l'autoclave et rincé avec l'eau distillé avant d'être placé dans une étuve pour être séché pendant 15 minutes à 100°C. Après, on fait le recuit en mettant l'échantillon élaboré dans l'étuve pendant 1h à 400°C.

II- Les techniques de caractérisation de dioxyde de Titane:

1- Diffraction des rayons X (DRX):

a- Principe de la diffraction des rayons X (DRX):

La diffraction des rayons X (DRX) est une technique de base pour la caractérisation cristallochimique de la matière. C'est une méthode de caractérisation non destructive et facile à mettre en œuvre. Cette technique repose sur le fait que les distances interatomiques sont de l'ordre de grandeur de la longueur d'onde des rayons X (0.2 A°‹λ‹ 2 A°). L'identification des phases cristallines est due à la périodicité de l'arrangement atomique dans une structure donnée. Cette périodicité est à l'origine d'interférences constructives des rayonnements diffusés par les différents atomes. En effet, les rayons X sont des ondes électromagnétiques qui provoquent un déplacement du nuage électronique par rapport au noyau dans les atomes. Ces oscillations induites provoquent une réémission d'onde électromagnétique de même fréquence, c'est le phénomène de « diffusion Rayleigh » ou diffusion élastique. Ces rayons X sont dispersés de façon quasi élastique par le nuage électronique des différents atomes situés dans un arrangement répétitif sont collectés pour produire des diffractogrammes. Ainsi, à l'aide de fiches JCPDS la phase du matériau analysé peut être identifiée.

Ces diffractogrammes sont obtenus grâces au phénomène de diffraction qui est vérifié par la loi de Bragg [5] :

$$2d_{hk1} \sin\theta = n\lambda$$

d_{hkl} : est la distance interréticulaire des plans (hkl) d'un réseau cristallin

n : le nombre entier appelé indice de la réflexion

λ: la longueur d'onde des rayons X

θ: l'angle de diffraction entre le faisceau de rayons X incident et la normale des plans (hkl).

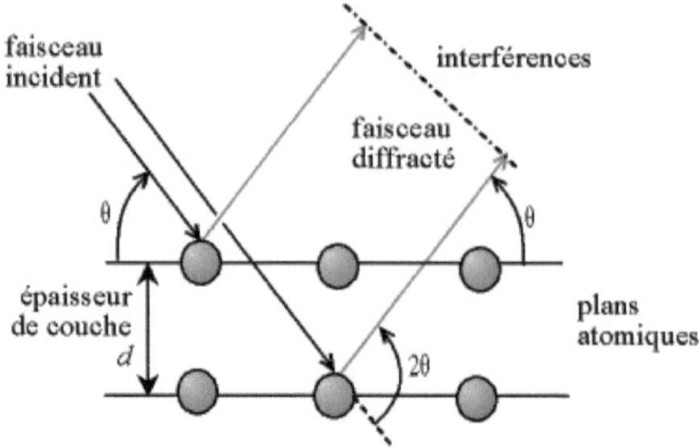

Figure II.2 **: schéma de diffraction de Bragg**

Dans ce travail, nous avons utilisé un diffractomètre de type Brüker D8 Advance Automatisé muni d'une anticathode de cuivre avec un rayonnement CuKα de longueur d'onde $\lambda = 1.5405$ A et d'un monochromateur d'intensité I = 40mA et de tension V = 20KV. Le balayage a été fait entre 10 et 70°. (figure II.3)

Le logiciel utilisé pour l'analyse du diffractogramme est le « X'Pert Highscore » qui permet de donner un grand nombre d'information sur les caractéristique microstructurales de l'échantillon telles que : les structures cristallines, la taille des cristallites, les contrainte et la texture.

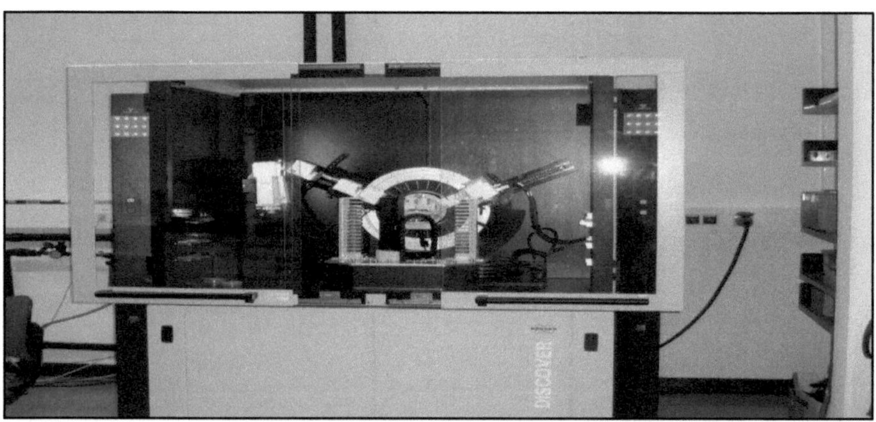

Figure II.3**: Diffractomètre de diffraction des rayons X**

2- *Caractérisation morphologique par la microscopie électronique à balayage (MEB):*

L'objectif de cette caractérisation est de déterminer la morphologie de nos échantillons élaborés.

a- Principe:

L'imagerie par MEB est classiquement utilisée pour étudier des objets dont la taille est inférieure à la résolution maximale d'un microscope optique. Avec cette technique, la surface du matériau analysé est bombardée sous vide par un faisceau focalisé d'électrons. Les interactions de ces électrons avec l'échantillon émettent entre autres des électrons secondaires et des électrons rétrodiffusés à partir de la surface du matériau. L'intensité détectée de tels électrons dépend du relief de la surface et du poids atomique des éléments constituant la surface du film. Les images MEB fournissent ainsi des informations qualitatives sur la morphologie de surface (rugosité, porosité) et sur la composition.

Dans cette étude, les images ont été réalisées à l'aide d'un MEB utilisant un canon à effet de champ (Field Electron Gun; MEB-FEG par abus de langage franco-anglais). Cette variante permet d'augmenter les pouvoirs de détection et de résolution d'un MEB classique. L'appareillage utilisé est un microscope ZEISS Ultra 40 opérant à 2.5 kV.

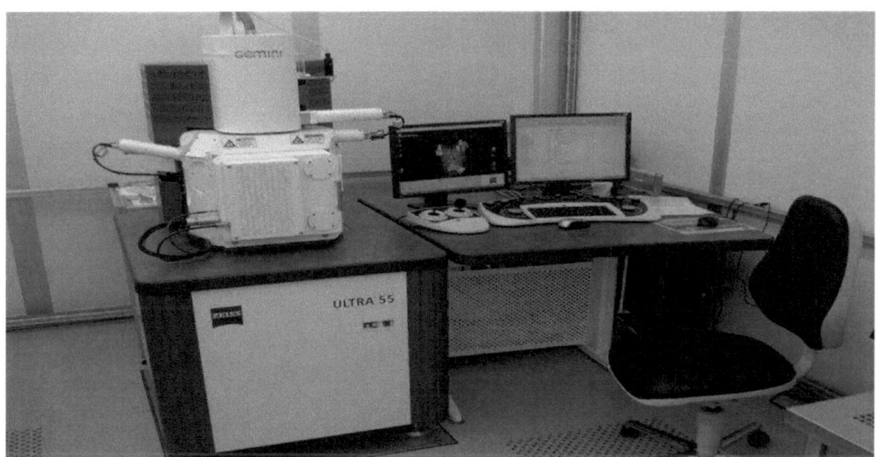

Figure II.5 **: Microscope électronique à balayage MEB (SEM)**

Référence:

[1] M. Abd-Lefdil, R. Diaz, H. Bihri, M. A. Aouaj and F. Rueda, The European Physical Journal- Applied Physics, 2007, **38**, 217-219.

[2] C. Howard, T. Sabine and F. Dickson, Acta Crystallographica Section B: Structural Science, 1991, **47**, 462-468.

[3] D. Lee, Y. Rho, F. Allen, A. Minor, S. H. Ko and C. Grigoropoulos, Synthesis of Hierarchical TiO2 Nanowires with Densely-Packed and Omnidirectional Branches *Nanoscale*, 2013

[4] W.L. Bragg, Proc, Roy, Soc, A **89**, (1914) 248-277.

Chapitre 3
Résultats
Et
Discussion

Ce chapitre présente les différents résultats obtenus au cours de notre travail et les interprétations : l'étude morphologique, l'identification structurale des phases et on termine par une étude photoélectrochimiques des échantillons élaborés.

I- Caractérisation morphologique et cristallographique:

1- Diffraction des rayons X:

Nous avons effectué des mesures de diffraction des rayons X sur une série de six échantillons:

- TiO_2 pur
- TiO_2 dopé 5 mM Fer
- TiO_2 dopé 5 mM Cuivre
- TiO_2 dopé 5 mM Nickel
- TiO_2 dopé 5 mM Chrome
- TiO_2 dopé 5 mM Cobalt

Cette étude nous permet d'identifier les structures des couches pures de dioxyde de Titane ainsi de suivre tout changement structural possible lors du dopage des couches par les différents métaux de transitions obtenus par voie hydrothermale et traitées thermiquement à 400°C pendant une heure. La figure III.1 regroupe les diffractogrammes de rayons X des couches pur et dopées de TiO_2 par les différents dopants : Fer, Cuivre, Chrome, Nikel et Cobalt.

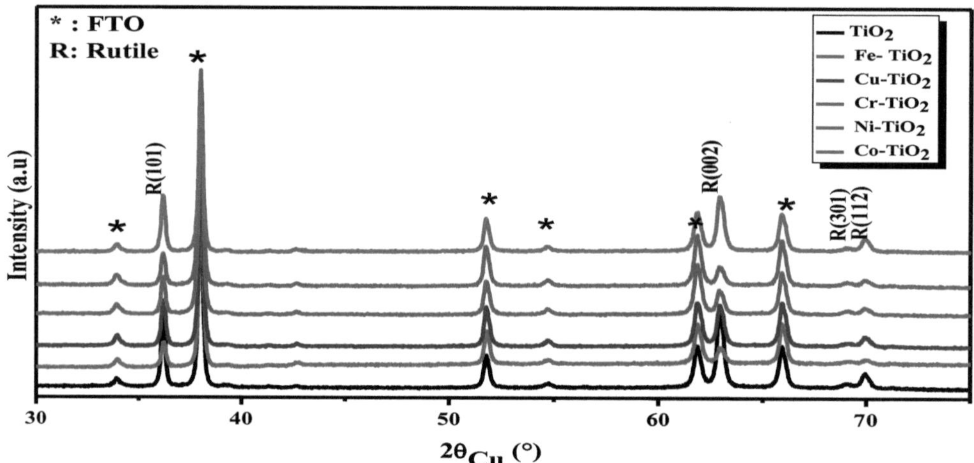

Figure III.1 : Diagrammes DRX des couches de TiO_2 non dopées et dopées avec les éléments Fer, Cuivre, Chrome, Nikel et Cobalt recuites à 400°C.

L'analyse de cette figure montre que toutes les couches cristallisent suivant la phase rutile caractérisée par les quatre orientations (101), (002), (301) et (112) situées respectivement à $2\theta = 36,1°$, $62,7°$, $69°$ et $70°$. L'identification de ces différentes raies est en bon accord avec la carte (JCPDS No.88-1175). Nous rappelons que le réseau cristallin de la phase rutile est tétragonal et ses paramètres sont données par: a = b = 4,5930 Å et c = 2,9590 Å. La distinction d'autres pics de diffractions situés à $2\theta = 34°$, $2\theta = 38°$, $2\theta = 52°$, $2\theta = 55°$, $2\theta = 62°$ et $2\theta = 67°$ (JCPDS No. 41-1445), correspondent au substrat FTO (Fluor Tin Oxyde) dont l'orientation préférentielle située à $2\theta = 34$.

- Les deux raies (101) et (002) situées respectivement au voisinage de 36,1° et 62,7° sont les plus intenses à observer pour tous les échantillons. D'après la bibliographie plusieurs auteurs ont confirmé la présence de la phase rutile du TiO_2 uniquement par l'apparition de la raie caractéristique de cette phase située au voisinage de 36,1° et d'orientation (101), ceci est due au faite que la croissance des couches est mince est seul la raie majoritaire qui apparait. Cependant, nous distinguons que la raie (002) à 2θ=62,70° est intense dans ce cas en la comparant par rapport à celle de la carte (JCPDS No.88-1175). Ce résultat indique bien que la croissance des nanotiges de TiO_2 orientés suivant l'axe c de direction [001]. Cet axe de croissance est parallèle à la normale de la surface des substrats FTO [1].

- En présence du dopant, nous notons qu'aucune raie supplémentaire n'apparait sur tous les diagrammes. Cela nous permet de conclure que le dopage ne favorise pas l'apparition de phases supplémentaires pour tous les échantillons. Ce comportement peut être dû à la faible quantité du dopant dans la matrice de TiO_2 en plus que l'analyse par DRX n'est sensible qu'à partir de 5 % atomique du dopant par rapport à la matrice. Ce résultat peut être aussi lié à la substitution de Ti^{4+} par les ions de transition. En effet, suite à l'addition du dopant, nous distinguons d' après la figure III.2 que le pic (101) correspondant aux échantillons dopés se déplace par apport à celui de l'échantillon non dopé.

En fait, suite à l'ajout de Fe, un décalage de ce pic vers les grands angles de diffraction est observé. Il est lié à une diminution de la distance interréticulaire d_{101} de la structure rutile. Cette diminution peut être expliquée par l'incorporation des ions Fe^{3+} qui ont des rayons ioniques plus petits que celui de Ti^{4+}dans la matrice de TiO_2 entrainant ainsi une déformation de la maille dans ces conditions de croissance.

Nous pouvons également observer un décalage vers les faibles angles suite à l'ajout des autres ions de transitions tels que Ni, Cu, Co, Cr. En effet, ce décalage est du à l'augmentation des paramètres de maille suite à l'incorporation de ces ions de transition dans la matrice de TiO_2 qui ont des rayons ioniques plus grands que celui de Ti^{4+}.

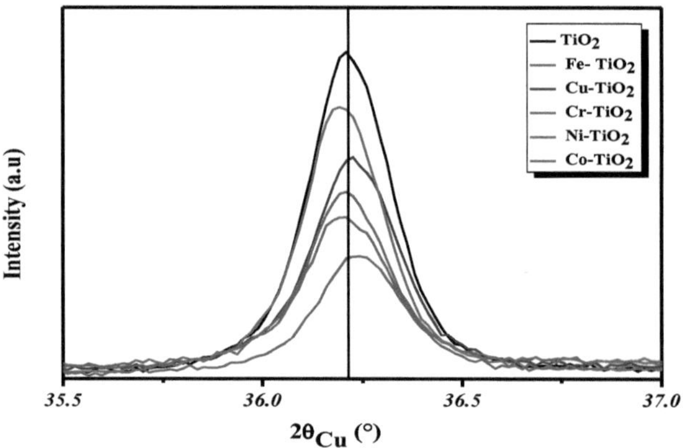

Figure III.2 : Pic (110) DRX pour TiO_2 pur et TiO_2 dopés Fer, Cuivre, Chrome, Nikel et Cobalt.

2- *Etude morphologique:*

Une étude morphologique par microscope électronique à balayage a été réalisée pour vérifier l'obtention des nanotiges de TiO_2 pur synthétisé sur un substrat conducteur d' FTO par la voie hydrothermale (figures III.3 (a et b)). Les images révèlent que le film est entièrement couvert par des nanotiges de formes rectangulaire de TiO_2 et distribués d'une façon presque uniforme sur toute la surface du substrat Leur diamètre est environ de 200 nm et présentant une surface lisse.

Manque de matériels, nous n'avons pas eu l'occasion de vérifier la morphologie des autres échantillons par microscope électronique à balayage pour distinguer l'effet du dopage sur la morphologie des nanotiges de TiO_2.

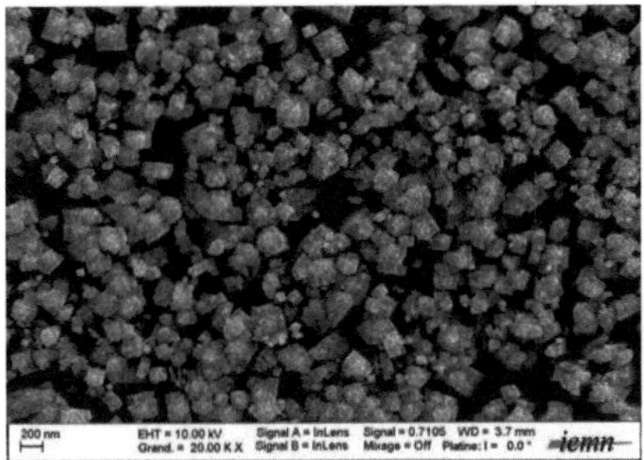

Figure III.3: Images de microscopie électronique à balayage (MEB) des nanofils de TiO_2 obtenus par voie hydrothermale sur le substrat FTO

3- *Mesure photoélectrochimique:*

La mesure électrochimique est un outil puissant et efficace pour la caractérisation d'une couche de TiO_2 synthétisé sur des substrats conducteurs de nature FTO. Dans notre travail, la voltamétrie à balayage linéaire « linear sweep voltammetry LSV » et la chronoampérométrie « CA » ont été choisis pour évaluer les propriétés photoélectrochimiques des couches de nanotiges de TiO_2 siégeant en tant que photoanodes dans le système de trois électrodes sous éclairage UV-Visible.

3.1.1. Montage photo-électrochimique

Nous utilisons un montage potentiostatique à trois électrodes. L'électrode de travail est la plaque de TiO_2 (avant et après le dopage avec différents métaux de transitions). L'électrode de référence est une électrode au Ag/AgCl et la contre-électrode est un fil de platine. Ces électrodes sont émergées dans une cellule de quartz de 100 ml de volume, qui contient une solution électrolyte de KOH (1M) à pH = 12.3. Le montage de PEC est représenté sur la figure III.4. La photographie est représentée sur la figure III.5. Une lampe Xénon de puissance 300 W à été utilisé pour éclairer les échantillons.

(L'intensité de la lumière incidente provenant de la lampe Xe au niveau de l'échantillon a été mesurée à l'aide d'un modèle photomètre 70310 de Spectra-Physics qui est égale à 200 mW / cm^2. Les données ont été obtenues sur un potentiostat Metrohm AUTOLAB (30 PGSTAT) instrument.

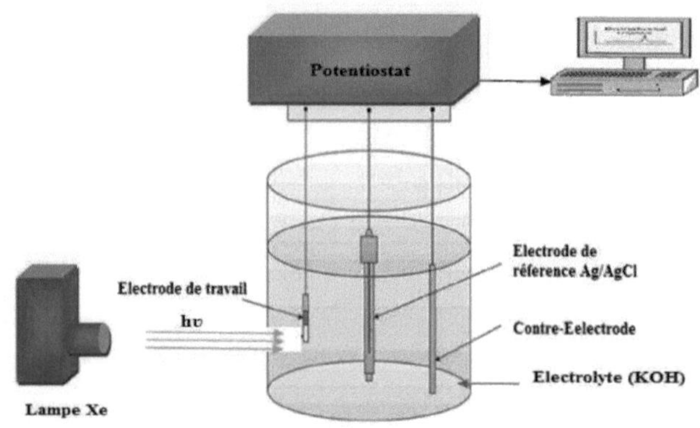

Figure III.4: Montage photo-électrochimique

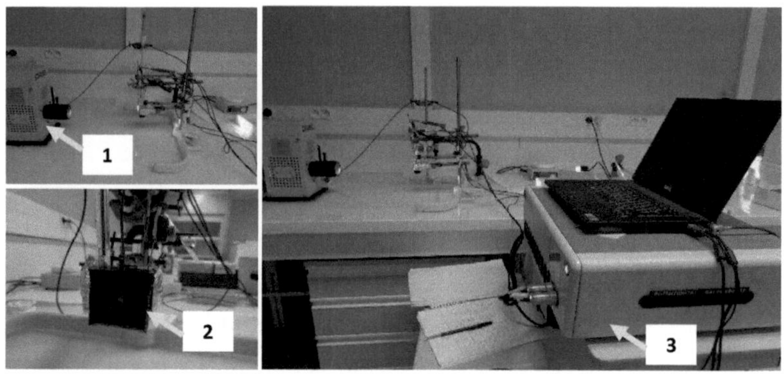

1: Lampe Xénon, 2: Cellule PEC de quartz, 3: Potentiostat

Figure III. 5: Photographie du Montage photo-électrochimique

3.1.2. Description de l'expérience

On introduit dans la cellule de quartz une solution de KOH (1 M, pH = 12.3) utilisée comme électrolyte. Les trois électrodes sont émergées dans la solution. Les photoélectrodes (TiO_2 et TiO_2 dopées) ont été illuminées en utilisant la lampe au Xénon. La surface éclairée est 1,0 cm^2. La distance entre la lampe et la cellule est fixée à 30 cm. Le système est alors éclairé et un photocourant est observé lorsque nous éclairons les électrodes photosensibles.

3.1.3 Mesures photo-électrochimiques

Les mesures photoélectrochimiques ont été effectuées sous illumination et sous l'obscurité sur les échantillons de TiO_2 et TiO_2 dopés par les différents métaux de transition. Nous avons utilisés deux méthodes de mesure:

- Voltammétrie cyclique: pour étudier la densité du photocourant en fonction du potentiel J = f(V), le balayage a été effectuée entre -1 à 0.6 V avec une vitesse de 10 mV/s.
- Chrono-ampérométrique: suivre la variation de la densité de photocourant en fonction du temps J = f(t) et de découpage d'illumination dans des intervalles du temps fixés (20 s).

3.2. Propriétés photoélectrochimiques

- ***Voltammétrie cyclique***

Les propriétés photoélectrochimiques des échantillons ont été évaluées. Nous avons étudié les performances PEC de tous les échantillons par Voltammétrie à balayage linéaire sous obscurité et sous illumination (figures III.6.a, III.6.b).

Les figures III.6.a et III.6.b, présentent les caractéristiques courant- potentiel des échantillons de TiO_2 dopés et non dopés obtenus respectivement sous obscurité et sous illumination. Nous remarquons qu'à l'obscurité toutes les électrodes présentent:

Un courant de réduction et un courant d'oxydation quasi nul. Ce résultat peut être interprété que sous l'effet d'une polarisation négative de l'électrode par rapport au potentiel zéro, la barrière de potentiel à l'interface semi conducteur-électrolyte sera réduite en favorisant le transfert des électrons de la bande de conduction du semi-conducteur vers l'électrolyte, la probabilité de transfert augmente tandis que le transfert en sens inverse reste difficile. Le passage des électrons est plus rapide dans le sens semi-conducteur électrolyte. Le courant traversant l'interface n'est plus nul correspondant à une réaction de réduction. Suite à l'augmentation de la polarisation de l'électrode, la courbure des bandes s'établit en sens inverse. Ainsi le champ électrique dans la région de charge d'espace draine les électrons vers l'interface de l'électrode, ceci entraîne l'amplification de la réaction de réduction.

Si nous polarisons maintenant l'électrode positivement par rapport à la solution, son niveau de Fermi descend dans le diagramme énergétique. La barrière de potentiel s'opposant au transfert dans le sens semi-conducteur - solution électrolytique devient plus haute. Dans le sens électrolyte semi-conducteur, la barrière de potentiel est toujours aussi haute, le transfert des charges est difficile dans les deux sens. Il n'y aura donc ni oxydation ni réduction, donc pas de courant.

Sous illumination (figure III.6.b), nous constatons un saut de courant d'oxydation important par rapport à celui de l'obscurité. En effet, ce résultat nous permet de déduire que l'illumination est le mécanisme initiateur de l'effet photoélectrochimique, est tout comme en photocatalyse. Donc, suite à une excitation lumineuse il y a création de paires électron-trou dans le semi conducteur.

L'apparition du courant anodique est interprétée par le fait lorsqu'on éclaire la couche de TiO_2 par un rayonnement d'énergie supérieur au gap du semi-conducteur, un électron du semi-conducteur passe de la bande de valence vers la bande de conduction. Dans notre cas l'électrode de travail (couche de TiO_2) est polarisée anodiquement, ainsi le champ électrique dans la zone de charge d'espace draine les électrons vers l'intérieur du semi-conducteur et ensuite vers le circuit extérieur, tandis que les trous sont drainés vers la surface pour réagir avec les espèces comme l'eau, et les ions hydroxyles présents dans la solution électrolytique.

Nous aurons donc passage d'un électron de la solution électrolytique au semi-conducteur (oxydation) par l'intermédiaire de la bande de valence.

Nous constatons aussi d'après la figure III.6.b que la densité du courant mesurée reste inchangée. En fait, ce résultat peut être interprété par: Suite à l'augmentation du potentiel appliqué à l'électrode, la séparation entre électrons et trous augmente jusqu'à ce que la vitesse de séparation devienne égale à la vitesse de réaction d'oxydation (oxydation de l'eau et les ions hydroxyles par les trous, dégagement du dioxygène) et suite à cet effet, la densité du courant devient constante donnant lieu à un état stationnaire.

Pour des potentiels inférieurs au potentiel du courant zéro (Voc), le courant devient négatif et il est quasi-identique à celui obtenu à l'obscurité. Cette constatation, nous a permis d'identifier qu'il existe simultanément sur une même électrode deux réactions électrochimiques:

Réaction d'oxydation photoinduite de l'eau en oxygène

$$2\ OH^-_{ads} + 2\ h^+ \Longrightarrow H_2O + 1/2\ O_2$$

Réaction de réduction de l'oxygène qui a été formé suite à l'oxydation de l'ion hydroxyde en eau oxygénée, dont nous savons qu'elle se produit aussi dans l'obscurité. Cette dernière réaction n'est donc pas photoinduite.

$$O_2 + 2\ H_2O + 2\ e^- \Longrightarrow H_2O_2 + 2\ OH^-$$

D'après la figure III.6.b, nous observons que le photocourant obtenus à partir des couches dopées par les métaux de transitions est ainsi plus élevé que celui obtenus par des couches non dopées. Les impuretés introduites dans les matériaux suite au dopage sont à l'origine de cette amélioration significative. En effet, suite à l'illumination il y a une génération importante de porteurs de charge qui se comportent comme des centres de piégeages de porteurs de charges.

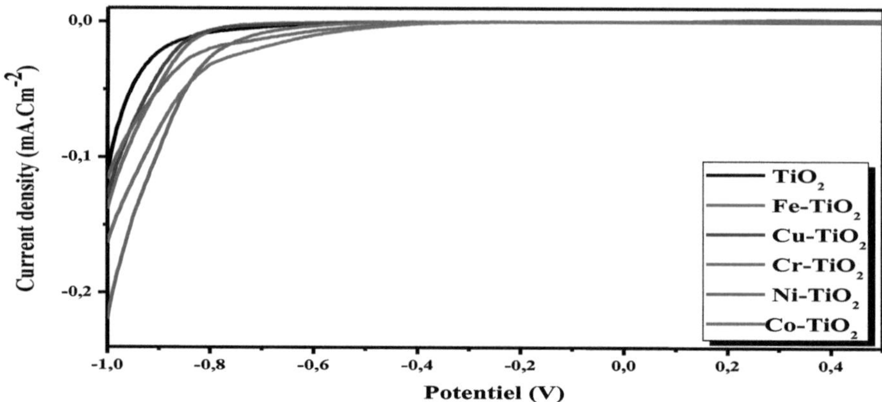

Figure III.6.a : Voltammétrie à balayage linéaire de TiO_2 pure et TiO_2 dopé par les différents métaux de transition dans l'obscurité.

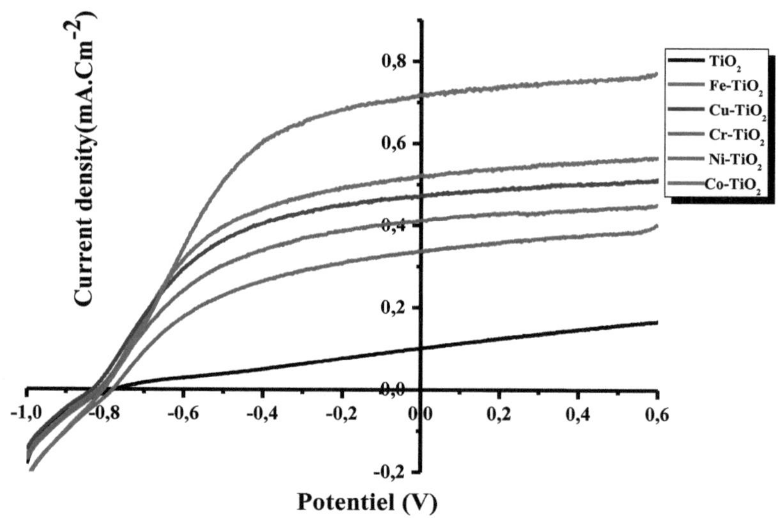

Figure III.6.b : Voltammétrie à balayage linéaire de TiO_2 pure et TiO_2 dopé par les différents métaux de transition obtenus sous illumination.

- ***Evolution du photocourant en fonction du temps: Chrono-ampérométrie***

Pour mieux étudier l'efficacité de la séparation de charges photo induites des photoanodes de TiO_2 pur et TiO_2 dopées par les différents métaux de transition, nous avons suivit l'évolution du courant en fonction du temps à un potentiel de 0 V/Ag/AgCl (figure III.7).

Nous remarquons que les couches de TiO_2 dopées et non dopées présentent le même comportement. Cependant, une fois l'échantillon est illuminé on observe un photocourant positif. Lorsque nous coupons la lumière, le photocourant chute presque instantanément et tend vers zéro. Il est bien évident de noter une autre fois, que le dopage par les différents métaux de transition est particulièrement utile à sensibiliser les nanotiges de TiO_2, puisque nous observons une amélioration significative des propriétés photoélectrochimiques de TiO_2 dopé par rapport à ceux de TiO_2 non dopé.

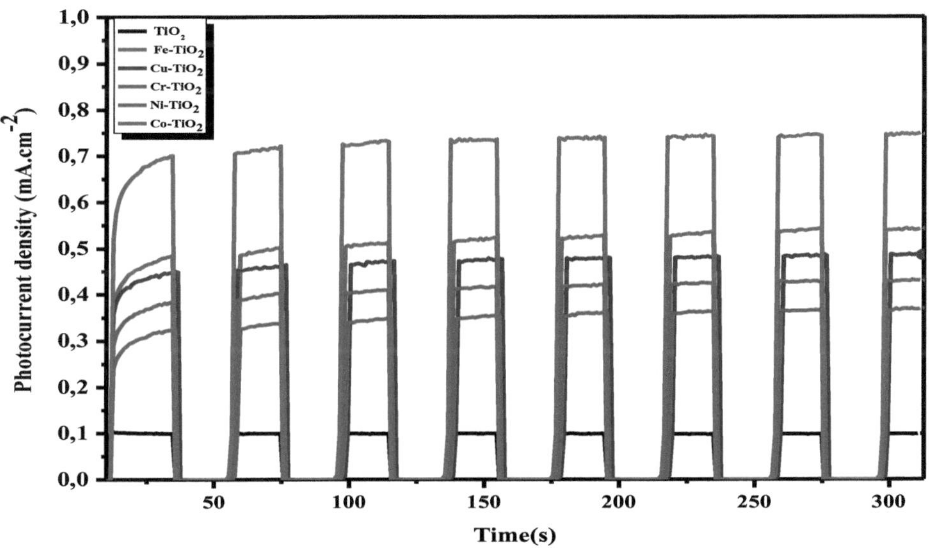

Figure III.7 : chronoampérométrique de TiO_2 pure et TiO_2 dopés par différentes métaux de transition

Référence bibliographique:

[1] B. Liu and E.S. Aydil: *J. Am. Chem. Soc.*, 2009, 131, 3985.

Conclusion générale

L'objectif de ce travail était orienté vers l'élaboration, la caractérisation des couches de dioxyde de titane TiO_2 obtenus par voie hydrothermale.

Ce travail a été consacré aux études de l'effet du dopage sur les propriétés structurales, morphologiques et photoélectrochimiques des couches de TiO_2 déposés sur des substrats FTO.

Les études faites, montrent l'influence du dopage sur les différentes propriétés des couches élaborées. En effet nous avons montré par la diffraction des rayons X, que les couches de TiO_2 cristallisent suivant la phase rutile recuites à une température égale à 400°C pendant une heure. Aussi, il n'y a aucune phase secondaire apparaitre en présence du dopant

L'étude morphologique obtenue par la microscopie électronique à balayage (MEB) montre l'obtention des nanotiges de surface lisse et rectangulaire. Le manque de matériel nous oblige à étudier que la morphologie de TiO_2 non dopé. Ce problème n'a pas donné l'occasion pour vérifier et étudier l'effet du dopage sur la morphologie des nanotiges de TiO_2.

Finalement, nous avons testé les échantillons élaborés par vois hydrothermale en utilisant la mesure électrochimique pour étudier leurs propriétés photoélectrochimiques. Nous avons utilisé deux méthodes de mesure qui sont : la Voltammétrie cyclique pour étudier la densité du photocourant en fonction du potentiel dans l'obscurité et sous illumination et le chronoampérométrique pour suivre la variation de la densité de photocourant en fonction du temps. Ces deux mesures nous donnent un photocourant très élevé pour les couches de TiO_2 dopées que celui obtenu par des couches non dopées.

Nous avons trouvé que les couches de TiO_2 dopées sont plus efficaces que celle des couches non dopées. Notre étude est en accord avec la littérature.

Printed by Books on Demand GmbH, Norderstedt / Germany